四川省工程建设地方标准

燃气用卡压粘结式薄壁不锈钢
管道工程技术规程

DBJ51/T 023－2014

Compression and bonding joint thin wall stainless steel
gas pipes technical specification for engineering

主编单位： 四川省燃气器具产品质量监督检验站
批准部门： 四川省住房和城乡建设厅
施行日期： 2 0 1 4 年 5 月 1 日

西南交通大学出版社

2014 成都

图书在版编目（CIP）数据

燃气用卡压粘结式薄壁不锈钢管道工程技术规程 /
四川省燃气器具产品质量监督检验站编著. —成都：西
南交通大学出版社，2014.5
ISBN 978-7-5643-3071-2

Ⅰ. ①燃… Ⅱ. ①四… Ⅲ. ①天然气管道 – 不锈钢 –
钢管 – 管道工程 – 工程技术 Ⅳ. ①TE973

中国版本图书馆 CIP 数据核字（2014）第 107549 号

燃气用卡压粘结式薄壁不锈钢管道工程技术规程

主编单位　　四川省燃气器具产品质量监督检验站

责 任 编 辑	杨　勇
助 理 编 辑	姜锡伟
封 面 设 计	原谋书装
出 版 发 行	西南交通大学出版社 （四川省成都市金牛区交大路 146 号）
发 行 部 电 话	028-87600564　028-87600533
邮 政 编 码	610031
网　　　址	http://press.swjtu.edu.cn
印　　　刷	成都蜀通印务有限责任公司
成 品 尺 寸	140 mm × 203 mm
印　　　张	1.5
字　　　数	33 千字
版　　　次	2014 年 5 月第 1 版
印　　　次	2014 年 5 月第 1 次
书　　　号	ISBN 978-7-5643-3071-2
定　　　价	22.00 元

关于发布四川省工程建设地方标准
《燃气用卡压粘结式薄壁不锈钢管道工程技术
规程》的通知

川建标发〔2014〕104 号

各市州及扩权试点县住房城乡建设行政主管部门，各有关单位：

由四川省燃气器具产品质量监督检验站主编的《燃气用卡压粘结式薄壁不锈钢管道工程技术规程》，已经我厅组织专家审查通过，现批准为四川省推荐性工程建设地方标准，编号为：DBJ51/T 023 – 2014，自 2014 年 5 月 1 日起在全省实施。

该标准由四川省住房和城乡建设厅负责管理，四川省燃气器具产品质量监督检验站负责技术内容解释。

四川省住房和城乡建设厅

2014 年 2 月 25 日

前　言

　　本规程是根据《四川省住房和城乡建设厅关于下达四川省工程建设地方标准〈燃气用卡压粘结式薄壁不锈钢管道工程技术规程〉编制计划的通知》（川建标函〔2013〕341 号）的要求，由四川省燃气器具产品质量监督检验站会同有关单位共同制定完成的。

　　本规程在编制过程中，编制组深入调查研究，认真总结了四川省燃气行业应用卡压粘结方式连接薄壁不锈钢管的实践经验，在广泛征求和采纳省内外有关单位意见的基础上，依据国家、行业现行标准，最后经审查定稿。

　　本规程共分为 6 章，其主要内容是：总则、术语、材料、设计、安装、试验与验收等。

　　本规程由四川省住房和建设厅负责管理，四川省燃气器具产品质量监督检验站负责具体技术内容的解释。在执行过程中如有意见或建议，请将相关资料寄送主编单位四川省燃气器具产品质量监督检验站（地址：成都市一环路西三段 186 号；邮政编码：610031；联系电话：028-87741159），以供修订时参考。

　　本规程主编单位：四川省燃气器具产品质量监督检验站
　　本规程参编单位：中国市政工程西南设计研究总院
　　　　　　　　　　四川大学建筑与环境学院
　　　　　　　　　　成都城市燃气设计研究院
　　　　　　　　　　四川省尺度建筑设计有限责任公司
　　　　　　　　　　宜宾华润天然气公司

自贡市燃气有限责任公司
四川省富泰燃气技术开发有限公司
四川成双防腐材料有限公司

本规程主要起草人员：孔　川　牛　耕　万　云　段少俊
　　　　　　　　　　柳　华　奉　毅　郑道基　宋孝国
　　　　　　　　　　龚建强　朱　丹　杨　佳　丁　策
　　　　　　　　　　秦强子　雷　鸣　王俊文　向南华
本规程评审专家：林雅蓉　杨云伦　危道全　李　波
　　　　　　　　　鞠　红　谭小平　陈鲁宇

目　次

Contents

Contents

1 总　则

1.0.1　为规范燃气用卡压粘结式薄壁不锈钢管道应用技术在城镇燃气室内管道工程中的设计、施工和验收，确保工程质量和安全供气，制定本规程。

1.0.2　本规程适用于公称直径小于或等于DN100的燃气用卡压粘结式薄壁不锈钢管道，其工作压力小于或等于0.2 MPa，工作温度 – 20 ~ +65 ℃。

1.0.3　燃气用卡压粘结式薄壁不锈钢管道宜明设使用。当暗封室内燃气支管时，必须按《城镇燃气设计规范》GB 50028的要求执行。

1.0.4　从事本规程管道连接施工的操作人员应经过专业培训方可上岗作业。

1.0.5　燃气用卡压粘结式薄壁不锈钢管道的设计、施工及验收除应符合本规程外，还应符合国家现行有关标准的规定。

2 术 语

2.0.1 室内燃气管道 indoor gas pipes

从用户引入管总阀门(当无总阀门时,指距室内地面 1.0 m 高处)后至燃具前阀门之间的燃气管道(含沿建筑物外墙敷设的燃气管道)。

2.0.2 卡压粘结式 compression and bonding joint

利用厌氧胶粘结和卡压机械连接相结合的薄壁不锈钢管道连接方式。

2.0.3 薄壁不锈钢钢管 thin wall stainless steel pipes

本规程所指薄壁不锈钢管,是指产品符合《流体输送用不锈钢焊接钢管》GB/T 12771,壁厚 0.6 ~ 2.0 mm 的钢管。

3 材　料

3.1　一般规定

3.1.1　管材、管件及厌氧胶粘剂应具有省或省级以上法定质量检验部门的产品质量检验合格报告和生产企业的产品合格证。

3.1.2　管材、管件等材料在储存、搬运和运输时，应符合本章的规定。

3.2　材料验收

3.2.1　进场（库）管材、管件及厌氧胶粘结剂必须具备产品使用说明书、产品合格证（或质量保证书）和各项性能检验报告等相关资料。

3.2.2　薄壁不锈钢管材、管件材质应选用06Cr19Ni10(S30408)、022Cr19Ni10(S30403)、06Cr17Ni12Mo2(S31608)或022Cr17Ni12Mo2(S31603)牌号的不锈钢材料制造。各材料化学成分应符合《流体输送用不锈钢焊接钢管》GB/T 12771 的规定。

3.2.3　验收管材时，应在同一批中抽样，并应按照《不锈钢卡压式管件组件　第2部分:连接用薄壁不锈钢管》GB/T 19228的规定进行规格尺寸抽样检测，外观的抽样检测应符合《流体输送用不锈钢焊接钢管》GB/T 12771 的规定，不锈钢管材尺寸见表 3.2.3。

表 3.2.3　卡压粘结连接用薄壁不锈钢管材尺寸及允许公差　　mm

公称尺寸 DN	外径及允许偏差	壁厚 S		壁厚允许偏差	不圆度
		标准型壁厚 S_1	加厚型壁厚 S_2		
15	15.9 ± 0.1	0.6	0.8	± 10%S	应不超过外径允许公差，任一截面上实测外径的最大值与最小值之差不超过公称外径的 1.5%
20	20 ± 0.11	0.8	1.0		
25	25.4 ± 0.14	0.8	1.0		
32	32 ± 0.17	1.0	1.0		
40	40.0 ± 0.21	1.0	1.2		
50	50.8 ± 0.26	1.0	1.2		
60	63.5 ± 0.38	1.2	1.5		
65	76.1 ± 0.38	1.5	2.0		
80	88.9 ± 0.44	1.5	2.0		
100	101.6 ± 0.54	1.5	2.0		

3.2.4　管件承口的结构形式见图 3.4.1，基本尺寸见表 3.4.2。

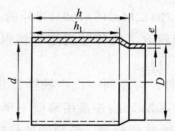

图 3.4.1　管件承口的结构形式

注：e—壁厚；d—承口内径；D—管件体外径；h—承口长度；h_1—承插长度

表 3.4.2　管件承口的基本尺寸及允差　　　mm

公称尺寸 DN	e	d	D	h	h_1
15	0.8 ± 0.12	16.3 ± 0.2	16 ± 0.2	28 ± 1	26 ± 1
20	1.0 ± 0.12	20.6 ± 0.3	20 ± 0.2	30 ± 1	28 ± 1
25	1.0 ± 0.12	25.9 ± 0.3	25.4 ± 0.25	32 ± 1	29 ± 1
32	1.2 ± 0.2	32.5 ± 0.4	32 ± 0.25	40 ± 1.5	37 ± 1.5
40	1.2 ± 0.2	40.8 ± 0.4	40 ± 0.3	48 ± 1.5	45 ± 1.5
50	1.2 ± 0.2	51.6 ± 0.4	50.8 ± 0.3	54 ± 1.5	50 ± 1.5
60	2.0 ± 0.25	64.5 ± 0.5	63.5 ± 0.45	65 ± 2	60 ± 2
65	2.0 ± 0.25	78.1 ± 0.6	76.1 ± 0.45	74 ± 2	69 ± 2
80	2.0 ± 0.25	90 ± 0.8	88.9 ± 0.6	80 ± 2	75 ± 2
100	2.0 ± 0.25	103.5 ± 0.8	101.6 ± 0.6	85 ± 2	79 ± 2

3.2.5　厌氧胶

管道接口连接处密封材料为厌氧胶，圆形固持密封剂 638 和管路螺纹厌氧密封剂 150 厌氧胶其成分应符合《单组分厌氧胶粘剂》HG/T 3737 的规定，性能应符合《工程机械厌氧胶、硅橡胶及预涂干膜胶应用技术规范》JB/T 7311 的规定。

3.3　包　装

3.3.1　管材的包装应符合下列规定：

1　钢管一般采用捆扎包装形式，每捆应是同一批号的钢管，对管的两端应予加封盖保护，每捆应不超过 1000 kg、数量不超过 400 根，或按用户要求包装。

2 成捆钢管应用钢带货钢丝捆扎牢固,捆扎圈数一般为 3 圈,并且成捆钢管至少一端应放置整齐。

3 钢管在捆扎前至少用不含氯离子成分的 2 层麻布袋或塑料布把成捆钢管紧密包裹。

3.3.2 管件的包装应符合下列规定:

1 管件应放入洁净的塑料袋内并封口,装进纸质包装箱或者木质包装箱内,箱内应附有质量证明书。

2 包装箱上应有产品名称、数量、质量、箱体尺寸、标记、制造厂名、防潮等字样或符合 GB/T 191 的有关规定。

3.3.3 厌氧胶应符合以下规定:

厌氧胶应采用塑料瓶、盒包装,包装容器应完整无损,装入量不宜过多,为容器的 2/3 为合适,包装容器上并附挤出尖嘴和封闭帽。如无其他规定,按 HG/T 3075 的规定进行。

3.4 储 存

3.4.1 管材、管件应储存在无腐蚀介质的干净环境中,避免杂乱堆放和与其他物件混放。

3.4.2 管材、管件宜按不同的类别、规格、材质分别堆放,并做好标识标志。逐层堆放应整齐,不宜过高,应确保不变形、不倒塌,并便于存取和管理。

3.4.3 管材、管件在户外临时堆放时,应有支撑物与地面隔离,隔离高度不小于 150 mm,并有遮盖措施。

3.4.4 管材、管件不应与混凝土、砂砾和铁器等接触。

3.4.5 厌氧胶应储存在阴凉、干燥的地方,不得暴晒。

3.5 运　输

3.5.1　在运输过程中，管材应放置在平坦的底面上，并设有支撑，应捆扎、固定牢靠。

3.5.2　管件运输时，应按箱逐层堆放整齐，并固定牢靠。

3.5.3　管材、管件及厌氧胶运输途中，应有遮盖物，避免雨淋和其他污染。

4 设 计

4.1 一般规定

4.1.1 室内燃气工程使用卡压粘结式薄壁不锈钢管道输送的燃气气质应符合《城镇燃气设计规范》GB 50028 中的规定。

4.1.2 室内卡压粘结式薄壁不锈钢管管材应根据输送燃气的类别及其性质、使用条件和工作环境等因素综合选择，且壁厚不得小于 0.6 mm，管道、管件和厌氧胶的质量应符合本规程的规定。

4.1.3 薄壁不锈钢管不得承受除自身重力和二次应力外的其他外力。在人员、车辆和其他可能触及薄壁不锈钢管并使之受损的环境，应采取有效的管道保护措施。

4.2 室内燃气管道布置

4.2.1 室内燃气管道中，立管、水平管、燃具接管的布置，阀门、计量装置和管道附件的布置，均应按《城镇燃气设计规范》GB 50028—2006 中的第 10.2 节和第 10.3 节相关规定执行。

4.2.2 燃气管道之间的距离，在确保安装和维护的前提下，宜紧凑布置，同一平面最小净距不应小于 20 mm。

4.2.3 燃气管道与电气设备、相邻管道之间的净距，不应小于表 4.2.3-1 的规定；与墙面的净距，不宜小于表 4.2.3-2 的规定。

表 4.2.3-1　燃气管与电气设备、相邻管道之间的净距　　mm

管道和设备		与燃气管道的净距	
		平行敷设	交叉敷设
电气设备	明装的绝缘电线或电缆	250	100 (采取有效措施可适当减小)
	暗装或管内绝缘电线	50 (从所做的槽或管子的边缘算起)	10
	电压小于 1000 V 的裸露电线	1000	1000
	配电盘或配电箱、电表	300	不允许
	电插座、电源开关	150	不允许
相邻管道		保证燃气管道、相邻管道的安装和维修	20

表 4.2.3-2　管道与墙面最小净距　　mm

公称直径 DN	≤32	40	50	≥60
与墙面净距	30	50	50	100

4.2.4　管道穿越墙壁、楼板等时应设置硬质套管。当选择金属套管时套管与燃气管道之间应做绝缘保护。

4.2.5　管道应避免在有腐蚀介质的环境中敷设，当不可避免时应采取有效的防腐措施。

4.2.6　当管道与支架为不同材质时，二者之间应采用绝缘性能良好的材料隔离或采用与管道材料相同的材料隔离，隔离薄壁不锈钢管道所使用的非金属材料,其氯离子含量不应大于 50 $\times 10^{-6}$（50ppm）。

4.2.7 燃气管道的防雷、防静电设计应按《城镇燃气设计规范》GB 50028—2006 中的第 10.8.5 条和相关规范执行。

5 安 装

5.1 一般规定

5.1.1 燃气管道采用的管材、管件、管道附件、阀门、计量装置及其他材料应符合设计文件规定，并应按国家、行业或经备案的企业标准，进行检验，不合格者不得使用。

5.1.2 管道安装前应对管材、管件、管道附件及阀门等进行内部清理，保持内部清洁。

5.1.3 燃气管道安装应符合设计文件和相关规定。设计文件应齐全，且满足施工图要求。安装前应按规定进行技术交底。

5.2 卡压粘结式管道的组装

5.2.1 管材的切割应采用专用切割机具。

    1 不锈钢管应采用机械切割刀，当采用砂轮切割时应去除毛刺和不锈钢表面的回火色。

    2 当管材端面失圆，而无法插入管件时，应使用专用整形器将管材断面整形至可插入管件承口底端为止。

5.2.2 管材切口质量应符合下列要求：

    1 切口端面应平整，无裂纹、毛刺、凹凸、缩口、残渣等。

    2 切口端面的倾斜（与管中心轴线垂直度）偏差不应大于管子外径的 5%，且不得超过 3 mm；凹凸误差不得超过 1 mm。

5.2.3 薄壁不锈钢管道卡压粘结的操作

    1 使用手动或者电动切管设备切断管道，切割时应考虑管件承插部分的长度，其插入长度基准值见表 5.2.3-1，使用专用的除毛刺器或专用锉刀将管端的毛刺除去。

表 5.2.3-1　插入长度基准值　　　　　mm

公称通径 DN	插入长度基准值
15	26
20	28
25	29
32	37
40	45
50	50
60	60
65	69
80	75
100	79

　　2　应采用干净的纸或棉布把管件承插口内和管子端头部位擦拭干净，不得有水和油等杂物覆在上面。

　　3　应在管材上画出插入长度的记号以保证管道插入管件有足够的长度。

　　4　在管件承口内壁和管材断口一周均匀地涂抹一层厌氧胶，将管子笔直插入管件内并旋转一周，不得歪斜插入。

　　5　把卡压工具钳口的凹槽对准管件的端部，以模块挡片定位进行卡压，作业时应确保管子的插入长度达到规定要求。卡压到上下模贴合，稳压时间 3~5 s 后卸压。卡压时油压泵的压力值不小于表 5.2.3-2 的要求。

表 5.2.3-2　卡压压力值

公称通径 DN(mm)	卡压压力值 (MPa)
15	40
20 ~ 25	50
32 ~ 50	55
60 ~ 100	60

5.2.4 管道卡压粘结连接应根据管道公称尺寸选用相应规格的卡压模块和卡压钳头，具体规格见表 5.2.4。

表 5.2.4　卡压钳模块和卡压钳头的规格

管道公称尺寸 （mm）	15	20	25	32	40	50	60	65	80	100
卡压模块规格	M15	M20	M25	M32	M40	M50	M60	M65	M80	M100
卡压钳头规格	Q15-20		Q25-32		Q40-50		Q60-65		Q80-100	

5.2.5 卡压粘结连接应采用专用工具，接头一次成型，成型后的对边尺寸应符合图 5.2.5-1、表 5.2.5-1 和图 5.2.5-2、表 5.2.5-2 的规定。

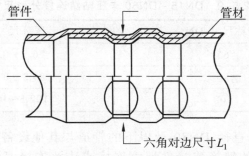

图 5.2.5-1　DN15 ~ DN60 卡压粘结连接示意图

表 5.2.5-1　DN15～DN60 卡压粘结连接外形尺寸　　　mm

公称尺寸 DN	六角对边尺寸 L_1
15	15.8 ± 0.2
20	20 ± 0.25
25	25.1 ± 0.3
32	31.5 ± 0.3
40	39.1 ± 0.3
50	49.1 ± 0.3
60	63.2 ± 0.3

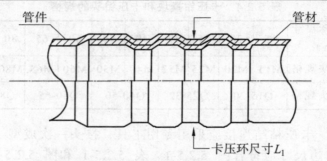

图 5.2.5-2　DN65-DN100 卡压粘结连接示意

表 5.2.5-2　DN15～DN60 卡压粘结连接外形尺寸　　　mm

公称尺寸 DN	卡压环尺寸 L_1
65	76.5 ± 0.4
80	89.2 ± 0.4
100	102.5 ± 0.4

5.2.6 公称直径 DN50 及以下的管道与其他设备、管材连接时应采专用的转换连接件螺纹连接或法兰连接；公称直径为

DN50 及以上的管道与其他设备、管材连接时应采用法兰连接。

5.2.7 卡压粘结连接专用卡规见图 5.2.7，尺寸见表 5.2.7。专用卡规能插入卡压处为卡压合格。当专用卡规不能插入卡压处时，应将工具送修合格或用合格工具再做卡压，直至卡压合格。

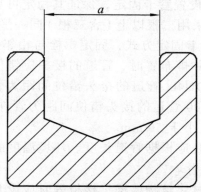

图 5.2.7　卡压粘结式专用卡规示意

表 5.2.7　卡压粘结式专用卡规尺寸　　　　　　mm

规格	15	20	25	32	40	50	60	65	80	100
a	16	20.2	25.4	31.7	39.4	49.4	63.5	76.9	89.6	103

5.2.8 薄壁不锈钢管道支承件间距的设置一般应按设计要求。薄壁不锈钢管的支架的根部应支撑在地面、钢筋混凝土柱、架、墙面上。设计无要求时，按表 5.2.8 选择设置。

表 5.2.8　不锈钢管支承件的最大间距

管道公称直径 DN（mm）		15	20	25	32	40	50	60	65	80	100
最大间距（m）	立管	2.0	2.0	2.5	2.5	3.0	3.0	3.0	3.0	3.0	3.5
	水平管	1.8	2.0	2.5	2.5	3.0	3.0	3.0	3.0	3.0	3.5

5.3　管道的安装与过程检验

5.3.1　燃气管道的支承不得设在管件、连接口处；水平管道转弯处 1.0m 左右设固定支承（管卡）不应少于一处。阀门一侧 0.5 m 左右应设置管卡固定，保证其稳定可靠。

5.3.2　当管道采用三根以上（含三根）同一平面并排布置时，宜采用排架式管卡固定方式，固定螺栓与相邻排应交错布置。

5.3.3　当管道并排布置时，管道的接头应错位安装。错位间距为：DN15～DN40 管道的接头错位间距为管件长度的 2.0 倍，DN50～DN100 管道的接头错位间距为管件长度的 1.5 倍，且最小间距不应小于 50 mm。

5.3.4　管道安装应根据管道长度、环境温度的影响，按设计要求安装补偿装置。

5.3.5　管道穿过建筑物墙壁、楼板等时应设套管，套管直径和安装要求按《城镇燃气室内工程施工及验收规范》CJJ 94—2009 中第 4.1.4～4.1.6 条规定执行，并采取必要的防腐措施。

5.3.6　燃气管道的色标，除设计要求执行外，一般为管材本色。安装完毕的燃气管道上应标有燃气管道标识。

5.3.7　燃气管道的防雷、防静电措施应按设计要求施工。

5.3.8　燃气计量装置的安装应按《城镇燃气室内工程施工与质量验收规范》CJJ 94—2009 中第 5 章规定执行。

5.3.9　燃气管道的其他安装要求按《城镇燃气室内工程施工与质量验收规范》CJJ 94—2009 第 4 章规定执行。

6 试验与验收

6.1 一般规定

6.1.1 室内燃气管道安装完毕 24 h 后（卡压粘结工艺对厌氧胶的固化时间需 24 h 以上），必须按本规程 6.2、6.3 节的规定进行强度和严密性试验。

6.1.2 室内燃气管道试验前应具备的条件：

    1 已有经施工企业技术负责人、监理负责人审查批准的试验方案。

    2 试验范围内的管道安装已按设计文件和图纸全部完毕。安装质量检验符合本规程和《城镇燃气室内工程施工与质量验收规范》CJJ 94—2009 第 4 章的规定。

    3 待试验的燃气管道已与不参与试验的计量装置、设备隔断，泄爆装置已拆下或隔断，设备盲板部位及放散管已有明显标记。

6.1.3 试验介质应采用空气或氮气，严禁用可燃气体或氧气进行试验。

6.1.4 试验用压力计量装置应符合下列要求：

    1 试验用压力表应在检定的有效期内，其量程应为被测最大压力的 1.5～2 倍。弹簧压力表精度应为 0.4 级，最小表盘直径为 150 mm。

    2 U 型压力计的最小分值应不得大于 1 mm。

6.1.5 试验应由施工单位负责实施，并有燃气经营企业、工程监理单位和建设单位参加。试验时发现的缺陷，应在试验压力降至大气压时进行更换。更换后应进行复试直至合格为止。

6.1.6 强度试验和严密性试验中当用发泡剂检查时，其氯离子含量不应大于 25×10^{-6}（25ppm）。检查后应及时将发泡剂清洗干净。

6.1.7 工程的竣工验收，应按工程性质由建设单位组织相关部门、燃气经营企业及相关单位，按本规程要求进行验收。

6.2 强度试验

6.2.1 室内燃气管道强度试验的范围应符合下列规定：

    1 居民用户为引入管阀门至燃气计量装置前阀门之间的管道系统；

    2 工业和商业用户为引入管阀门至燃具接入管阀门（含阀门）之间的管道；

    3 引入管阀门前的管道应和埋地管道连通进行试验。

6.2.2 待进行强度试验的燃气管道系统与不参与试验的系统、设备、仪表等应隔断，并应有明显的标志或记录，强度试验前安全泄放装置应已拆下或隔断。

6.2.3 进行强度试验前燃气管道应吹扫干净。吹扫介质宜采用空气或氮气，不得采用可燃气体。

6.2.4 试验压力应符合下列要求：

    1 设计压力大于或等于 10 kPa 时，试验压力为设计压力的 1.5 倍，且不得小于 0.1 MPa；

    2 设计压力小于 10 kPa 时，试验压力为 0.1 MPa。

6.2.5 燃气管道进行强度试验时，应缓慢升压，稳定试验压力 30 min，用发泡剂涂抹所有接头，不漏气为合格；中压管道系统时也可稳压 60 min 观察压力表无压力降为合格。

6.3 严密性试验

6.3.1 严密性试验范围为引入管阀门至燃具前阀门之间的管道。通气前还应对燃具前阀门至燃具之间的管道进行检查。

6.3.2 严密性试验应在强度试验合格之后进行。

6.3.3 严密性试验应符合下列要求：

  1 低压管道系统

  低压管道试验压力为设计压力且不低于 5 kPa。在试验压力下的稳定时间至少为居民用户 15 min，商业、工业用户 30 min；用发泡剂检查全部连接点，无泄漏，压力计无压力降为合格。

  2 中压管道系统

  试验压力为设计压力，且不得低于 0.1 MPa。在试验压力下的稳定时间不得少于 2 h，用发泡剂检查全部连接点，无渗漏、压力计无压力降为合格。

6.3.4 低压燃气管道严密性试验的压力计应采用 U 形压力计。

6.4 验 收

6.4.1 施工单位在工程完工自检合格的基础上，监理单位应组织进行预验收。预验收合格后，施工单位应向建设单位提交竣工报告并申请进行竣工验收。建设单位应组织有关部门进行竣工验收。新建工程应对全部装置进行检验；扩建或改建工程可仅对扩建或改建部分进行检验。

6.4.2 工程质量验收时，施工单位应提供下列文件资料，应按《城镇燃气室内工程施工与质量验收规范》CJJ 94 的相关规定填写：

 1 工程验收文件清单；

 2 阀门、计量装置、主要材料及附件的合格证和使用说明书；

 3 暗封工程检验记录；

 4 管道和附属设备安装工序质量检验记录；

 5 管道系统压力试验记录；

 6 质量事件处理记录；

 7 配套附属设备有关施工记录。

6.4.3 工程质量验收合格后，应具有工程验收会议纪要及工程交接检验评定书。

本规程用词说明

1　为了便于在执行本规程条文时区别对待，对于要求严格程度不同的用语说明如下：

1）表示很严格，非这样做不可的：

正面词采用"必须"；

反面词采用"严禁"。

2）表示严格，在正常情况下均应这样做的：

正面词采用"应"；

反面词采用"不应"或"不得"。

3）表示允许稍有选择，有条件许可时首先应这样做的：

正面词采用"宜"；

反面词采用"不宜"。

4）表示有选择，在一定条件下可以这样做的，采用"可"。

2　条文中指明应按其他有关标准、规范执行时，写法为："应符合……的规定"或"应按……执行"。

四川省工程建设地方标准

燃气用卡压粘结式薄壁不锈钢
管道工程技术规程

Compression and bonding joint thin wall stainless steel
gas pipes technical specification for engineering

DBJ51/T 023－2014

条 文 说 明

目　次

Contents

1 总 则

1.0.1 薄壁不锈钢管在《城镇燃气设计规范》GB 50028—2006 中第 10.2.6 条已列为室内燃气管道选用的管材。薄壁不锈钢管与其他燃气用管材相比有不同特点，其卡压粘结式在管道的组装、管件的连接、施工等方面有自身的特点，且目前尚无相关工程技术标准。制定本规程的目的是规范、指导卡压粘结连接管道在城镇燃气室内管道工程设计、施工和验收，确保工程质量和安全用气，杜绝因工程质量不合格造成的损失和灾害。

1.0.2 本条是针对室内燃气管道工程的特点和燃气用卡压粘结式薄壁不锈钢管道的特性，结合使用的成熟经验，规定了本规程的适用范围。

实践表明，卡压粘结连接在公称尺寸 DN≤100 mm 时，其连接可靠，安装简便，配套管件齐全，适用于公称尺寸 DN 等于或小于 100 mm 的居民用户、商业用户和工业用户室内燃气管道工程。

经成都市产品质量监督检验检测院检验，卡压粘结连接强度试验压力可达 3.2 MPa，气密性试验压力可达 1.05 MPa，管件最小抗拉阻力见表 1。目前薄壁不锈钢管在不大于 0.2 MPa 的中压进户居民燃气管道和用户室内燃气低压管道系统使用中积累了成熟经验，在 0.2 ~ 0.4 MPa 的商业用户燃气管道使用中积累了一定经验，本规程确定设计压力不大于 0.2 MPa，在应用时应按《城镇燃气设计规范》GB 50028 的规定执行。

表 1 管件最小抗拉阻力

公称通径 DN (mm)	最小抗拉阻力（标准）(kN)	最小抗拉阻力（实测）(kN)
15	1.98	6.0
20	3.46	6.8
25	4.5	9.0
32	6.42	10.0
40	8.12	12.8
50	9.72	18.6
60	26.5	34.6
65	24.5	36.7
80	29.0	39.1
100	35.0	48.0

注：最小抗拉阻力（标准）是指标准《不锈钢卡压式管件》GB/T 19228 规定的数据。最小抗拉阻力（实测）是由四川省成都市产品质量监督检验检测院对燃气用卡压粘结式薄壁不锈钢管道系统实际检测所得出的数据。

薄壁不锈钢管及管件的使用温度可达 – 60 ~ +200 ℃, 所使用的圆形固持密封剂 638 和管路螺纹厌氧密封剂 150 厌氧胶材料的工作温度为 – 55 ~ +120 ℃。本规程根据二者均可达到的使用温度以及燃气管道一般安装环境温度确定其工作温度。

1.0.3 室内燃气管道一般应明设，这是为了便于检修、检漏并保证使用安全；在特殊情况下，允许暗封室内燃气管道。为了达到安全可靠的目的并能延长使用年限，本条提出了管道的敷设方式及措施必须符合《城镇燃气设计规范》GB 50028 的要求。

1.0.4 根据中华人民共和国国务院令第 583 号《城镇燃气管理条例》和《四川省燃气管理条例》的规定，燃气工程的设计、施工，必须由持有相应资质证书的单位承担。由于燃气用卡压粘结连接管道在管道的组装、管件的连接、施工等方式与其他管道连接方式有不同之处，具有自身的特点，因此，为了保证工程质量和安全供气，施工人员须经专业培训合格才能作业。

1.0.5 此条是强调除应符合本规程规定外，同时还应符合现行国家、行业标准和规范的规定，与现行国家和行业标准配合使用，主要有：

    1 《城镇燃气室内工程施工及验收规范》CJJ 94；

    2 《流体输送用不锈钢焊接钢管》GB/T 12771；

    3 《不锈钢卡压式管件组件第 1 部分：卡压式管件》GB/T 19228；

    4 《建筑设计防火规范》GB 50016；

    5 《城镇燃气设计规范》GB 50028；

    6 《高层民用建筑设计防火规范》GB 50045。

3 材　料

3.1　一般规定

3.1.1　此条是强调管材管件生产企业必须具有一定生产能力和生产条件。生产产品必须经有关部门批准，产品投放市场前必须经过省和省级以上法定质量检验部门检验，每批产品出厂前生产企业还要进行出厂检验，合格产品才能投放市场，同时还要附带出厂合格证。

3.2　材料验收

3.2.1　是强调用户在材料验收时，应向管材和管件生产企业索取产品使用说明书、产品合格证、产品质量保证书和各项性能检验报告，便于用户验收时对检验结果进行比较。

3.2.2　强调了薄壁不锈钢管材、管件原材料必须符合国家标准的规定。同时规定了卡压粘结式不锈钢管材、管件选用不锈钢材料的牌号。

3.2.3　卡压粘结式薄壁不锈钢管材规格尺寸是根据《城镇燃气设计规范》GB 50028 对薄壁不锈管材最小壁厚的规定以及卡压粘结连接的特点，在《流体输送用不锈钢焊接钢管》GB/T 12771 规定的范围内选择制定的。

3.2.4　规定了燃气用卡压粘结式管件的结构形式、基本尺寸及允差。目的是强调用户在接受管材、管件时要对其质量进行检验、核对，应符合现行国标、企业的规定，否则应拒收。

3.2.5　经对比选择和实践证明，圆形固持密封剂 638 和管路螺纹厌氧密封剂 150 厌氧胶作为燃气管道用密封胶粘剂，具有强度高、适用温度范围宽、使用寿命长等性能。经有关单位检测，得到在常温下上述厌氧胶的使用寿命为 50 年，它们的性能和使用温度见表 2。

表 2　厌氧胶的性能

代号	颜色	粘度（Pa·s）	最大径向间隙（mm）	固化后剪切强度（N/mm^2）	工作温度（°C）	使用范围
638	绿色	22000 ~ 3000	0.1 ~ 0.38	15 ~ 35	− 55 ~ +150	圆柱承插管道连接的密封
150	红色	40000 ~ 15000	0.1 ~ 1.5	15 ~ 35	− 55 ~ +120	螺纹之间间的间隙密封

3.4　储　存

3.4.1　为避免管材、管件出现腐蚀、受损和储存混乱。

3.4.2　管材一般按规格分捆储存，管件一般按类型分箱储存，管材、管件均可在不受损、方便领用和取用的前提下分别堆放储存。

3.4.3　为了防止管材、管件被雨淋和其他污染。

3.4.4　为了防止不锈钢管材、管件与其他易腐蚀的物体（铁器、弱碱、工业废草酸）等接触引起不锈钢的电腐蚀。

3.4.5　为了防止厌氧胶的性能发生变化。

4 设 计

4.1 一般规定

4.1.2 不锈钢管道也有不同的管材和相应的使用环境,设计时应注意选择。卡压粘结式薄壁不锈钢管组成管道系统时,采用本规程规定的管道、管件和厌氧胶,才能保证工程质量。

4.1.3 本条中的自身重力指管道系统中管道、管件(含阀门)等重力,不包括燃气表等设备;二次应力主要指管道内压力和热应力。有效的保护措施指隔绝外界接触或即使有接触也不致使管道系统受损的措施,如隔板、防撞栏和不与管道接触的尖刺等。

4.2 室内燃气管道布置

4.2.1 《城镇燃气设计规范》GB 50028—2006 第 10.2 节和 10.3 节对室内燃气管道的布置规定内容较多,具有普遍性,故不在本规程中抄列赘述,而直接引用执行。

4.2.2 为节省管道安装空间,并体现美观,宜使管道紧凑布置。

4.2.3 燃气管道与电气设备、相邻管道之间的净距引自《城镇燃气设计规范》GB 50028—2006 表 10.2.36;与墙面的净距依据现有卡压连接工具安装和维修的要求规定。

4.2.6 防止电化学腐蚀的影响和氯离子对不锈钢管道的腐蚀。

5 安 装

5.1 一般规定

5.1.3 是对设计单位和施工单位提出的基本要求，确保工程施工顺利进行。

5.2 卡压粘结式管道的组装

5.2.1 是对切割机具及方法的要求。

5.2.2 是对管材切割质量的要求。

5.2.3 是卡压粘结接管道操作程序要求。

5.2.4 是卡压粘结连接时对卡压钳规格型号的选择。

5.2.5 对卡压粘结连接部位卡压后尺寸的参数要求。

5.2.6 卡压粘结式管道与其他管道相互转换时的方法。

5.2.7 是对卡压粘结连接质量的检验和判定。

5.2.8 不锈钢管支承件最大间距参照《城镇燃气室内工程施工及验收规范》CJJ 94 等标准，结合薄壁不锈钢管的强度综合确定。

5.3 管道的安装与过程检验

5.3.1 阀门一侧应设置管卡固定，是增强其抗扭矩能力。

5.3.3 为了便于安装、检修、检漏，管道的接头应错位安装。

5.3.4 是防止因管道膨胀、收缩危及管道的运行安全。

5.3.6 是为了在使用中提示公众注意安全。

6 试验与验收

6.1 一般规定

6.1.1 要求进行强度试验和严密性试验，是为了保证燃气管道交付后的安全使用。

6.1.2 试验前三项条件要求，是为了保证燃气管道压力试验的安全和避免损坏计量装置。

6.1.3 试验介质还可采用其他惰性气体。用水做介质可能会对管道或设备造成污染。《城镇燃气室内工程实施及验收规范》CJJ 94强制性条文规定严禁用可燃气体和氧气做试验介质。

6.1.4 试验压力表量程、精度关系到压力试验结果的准确性。

6.1.5 明确了试验责任单位和质量检查单位。降压修补是为了保证修补工作的安全和修补质量。

6.1.6 发泡剂长期附着在管道上，可能对管道外表面造成腐蚀。

6.1.7 国务院令第 583 号《城镇燃气管理条例》中要求燃气设施建设工程竣工后，建设单位应依法组织竣工验收。

6.2 强度试验

6.2.1 ~ 6.2.5 按《城镇燃气室内工程实施及验收规范》CJJ 94—2009中8.2节的要求和本规程管道适用压力范围等规定编制。

6.3 严密性试验

6.3.1 ~ 6.3.4 按《城镇燃气室内工程施工及验收规范》CJJ 94—2009 中 8.3 节的要求和本规程管道适用压力范围等规定编制。

6.4 验 收

6.4.1 规定了验收前必须做的准备工作及验收范围。

6.4.2 ~ 6.4.3 规定验收时和验收合格后应具备的文件资料。